關於作者
郭翔

童書策劃人，上海讀趣文化創始人。

策劃青春文學、兒童幻想文學、少兒科普等圖書，擁有十多年策劃經驗。

2015 年成功推出的原創少兒推理冒險小說《查理日記》系列，成爲兒童文學的暢銷圖書系列。

米寶成長相冊

我是米寶，你們經常會見到我喔！我把米的生活和有趣的事都寫進了這本書裡，一起來看看吧。

我的第一片葉子

小時候的我

稻田裡的稻草人

我的畢業典禮

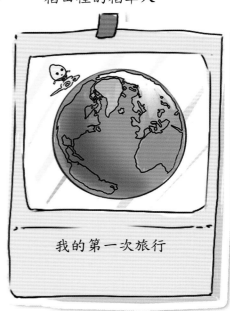

我的第一次旅行

我烹煮的美食

目錄

米從哪裡來

　　米由水稻種植而來。水稻成熟後結出稻米，把稻米去殼加工，才成為我們生活中常見的那一粒粒飽滿潤白的米。

　　那麼，水稻是怎樣被人類發現並推廣種植的呢？

　　就讓米寶——我來告訴你吧！

1 很久以前，人類的祖先靠捕魚、狩獵和採摘野果為生，食物來源少，生活不安定，常常會餓肚子。有一天，人們發現在天空中翱翔的鳥兒很愛吃一種野生的穀粒，於是也去採了一些來試吃，果然味道香甜，還能果腹。這種野生穀粒就是稻米，是現代水稻結出的果實——準確地說，是現代水稻的祖先。

3 4200 多年前，水稻栽培已從長江中下游流域往北推進到黃河中游流域。那時的稻田主要靠天然湖泊和河流灌溉，產量並不高。

2 7000 多年前，居住在今天浙江省餘姚市境內的河姆渡村民，已經懂得挑選完整而飽滿的野生稻米，嘗試栽培水稻了。水稻由野生變為人工栽培，米開始逐步成為人類的主食之一。

4 水稻的品種在栽培中不斷變異，春秋戰國時期，人們種植的水稻已超過 10 種，但產量仍然有限。米是只有貴族才能享用的食物。

5 到了北魏時期，農耕技術取得進步，人們開始使用肥料，使水稻的產量有所提高。

7 明末清初，南方仍是中國的稻米供應基地，而中國各地的水稻品種也更加豐富。據清朝《授時通考》所收《直省志書》中記載，當時南北水稻品種數達 3400 多個。

6 唐宋六百年間，南方逐漸成為中國的水稻生產中心，民間有"蘇湖熟，天下足"的說法，意思是說只要太湖沿岸的稻米豐收了，全天下的人就都能吃飽肚子。這一時期，水稻種植技術已經很發達了，宋代還出現了專門記載水稻品種的著作《禾譜》。

8 進入現代，隨著農業機械化的推廣，水稻種植更加科學而高效，米已經成為全世界一半以上人口的主食。

怎麼樣？稻米家族的歷史悠久吧！

米寶歷史課 為什麼叫米？

這是米字的甲骨文，後來將中間的點連起來，用以表示放米的架子或隔板，就演變成了現在的"米"字。那時，人們把稻米和粟米都稱為"米"，為了更好地區分這兩種米，人們便把顆粒大的稻米稱為米，顆粒小的粟米則稱為小米了。

播種要做許多準備

選出飽滿的稻種

水稻的種子稱為稻種，是從成熟後的水稻稻穗上採集並挑選出的顆粒大而飽滿的稻米。

稻種

小時候，我只是一粒稻種，每天都在庫房裡呼呼大睡，做著關於未來的美夢。

米飯

湯圓

米酒

米寶自然課 稻種要怎樣貯藏？

你知道嗎？稻種在貯藏時，對倉庫的要求也很嚴格喔。倉庫內的溫度要保持在5℃~20℃之間，還要定時通風換氣。最重要的是，不能與化肥、農藥、油類等有腐蝕性、易受潮、易揮發的物品混放在一起，那些東西會破壞種子的健康。

米寶自然課 植物的種子從哪兒來？

植物的種子可以用來不斷繁衍新的植物，蘋果和櫻桃的種子就是它們的果核，西瓜的種子是西瓜子，向日葵的種子是葵花子，花生的種子是花生仁。一株植物往往能生成很多種子，例如一株稻穗就能生成 200 多粒稻種。

花生

蘋果

果核

西瓜子

西瓜

花生仁

果核

櫻桃

葵花子

向日葵

米寶生活課 這些種子你認識嗎？試試看，把它們和對應的植物連起來。

A 葵花子

B 稻種

C 豆

D 玉米粒

1. 豆角

2. 玉米

3. 水稻

4. 向日葵

將稻種浸泡在水中

　　浸種是播撒稻種之前的必要程序，通過這個步驟可以進一步剔除稻種裡的次品。
　　浸種的方法是將選出的稻種浸泡在鹽水中，優質的稻種會沈在水底，腹中空空的則飄在水面上。通過這種方法，很容易就能把不合格的種子挑出去了。

有一天，農民伯伯把我叫醒。
我知道，我的一生要正式開始了。

掃一掃，觀看有趣的影片。

我和其他的備選稻種都要到鹽水裡浸泡 2～3 天，那些肚裡空空、浮起來的就會被淘汰。農民伯伯說，只有飽滿、健康的種子才能長成苗壯的秧苗。

我的第一堂專業課——潛水，農民伯伯說這叫浸種。

米寶好棒！

🥚 米寶民俗課 九尾狗偷稻種

這是中國壯族的民間傳說。古時候，那裡的人們還沒有種植水稻，於是向天神請求賜予稻種，但被天神拒絕了。村裡人想了一個辦法：派一隻聰明的九尾狗（據說那時的狗都有九條尾巴）去天神那裡偷稻穀。九尾狗來到天上，看見天神在天宮門前曬稻穀，便彎下九條尾巴，悄悄地向曬穀場走去。狗尾上細密的茸毛很快就沾滿了稻穀。不料，九尾狗剛要往回跑就被守護神發現了。他們一邊吶喊一邊追趕，一路上砍掉了九尾狗的八條尾巴。最後，小狗躲進草叢才保住了最後一條尾巴，並且把稻穀送到了壯族人手中——所以，稻穗長得就像彎彎的狗尾巴，而九尾狗因為偷走稻種得罪了天神，從此被天神詛咒，生生世世只有一條尾巴。

把稻種播撒在秧盤裡

　　浸泡好的種子要先用清水沖洗乾淨,然後播撒進土裡——還不是稻田喲,而是均勻地撒在裝好土的秧盤上,再蓋上一層細土。它們要在秧盤裡長一段時間。秧盤裡的稻種必須經常澆水,確保早日發芽。

1 現在,我已經是一名優秀的種子選手了。在水底潛了三天,真想躺在床上好好睡一覺。

我好累啊!

2 很快,我便心想事成。農民伯伯開始為我準備舒適的床了。

3 看,這就是我的床,它的學名叫水稻秧盤。在秧盤裡撒上細細的土,我們睡上去才更舒服。

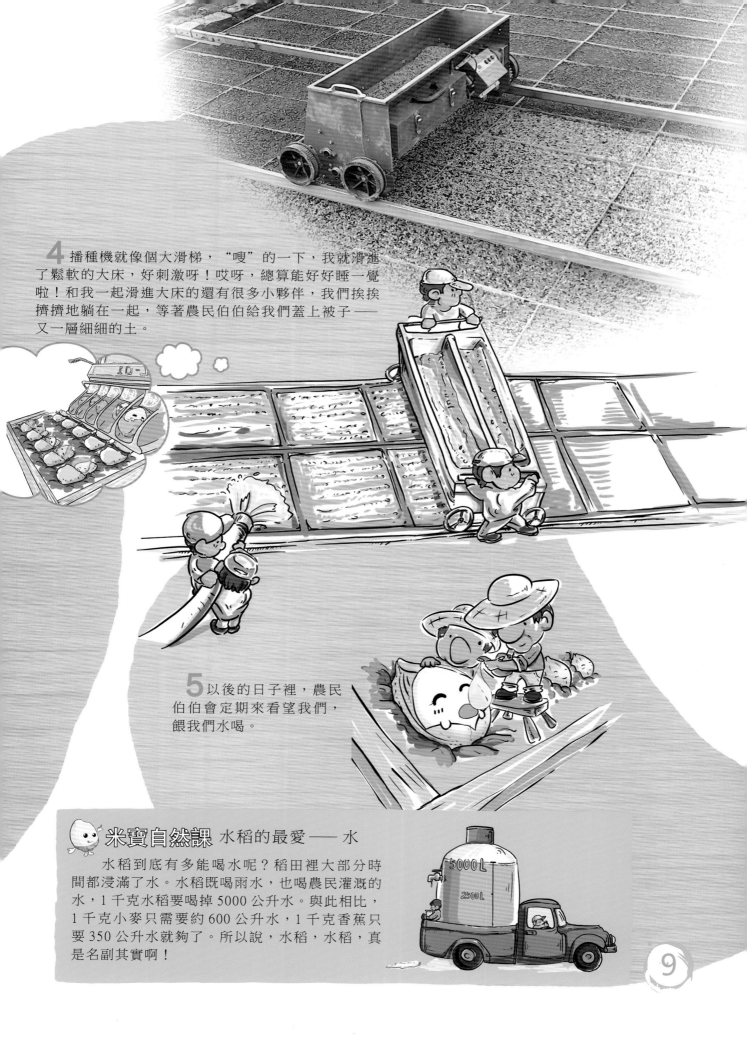

4 播種機就像個大滑梯，"嗖"的一下，我就滑進了鬆軟的大床，好刺激呀！哎呀，總算能好好睡一覺啦！和我一起滑進大床的還有很多小夥伴，我們挨挨擠擠地躺在一起，等著農民伯伯給我們蓋上被子——又一層細細的土。

5 以後的日子裡，農民伯伯會定期來看望我們，餵我們水喝。

米寶自然課 水稻的最愛 —— 水

水稻到底有多能喝水呢？稻田裡大部分時間都浸滿了水。水稻既喝雨水，也喝農民灌溉的水，1千克水稻要喝掉5000公升水。與此相比，1千克小麥只需要約600公升水，1千克香蕉只要350公升水就夠了。所以說，水稻，水稻，真是名副其實啊！

終於發芽啦

稻種由一層金黃色、薄薄的種皮包裹著,包括胚芽和胚乳。種子在一定溫度條件下,吸足了水分,幾天後就會伸出幼根和幼芽。幼芽漸漸地生成單片子葉,子葉是供給營養的暫時的葉。過幾天,第一片葉子長出來了,子葉就開始逐漸枯萎,而很多葉子接著陸續長出。

胚芽

胚乳

表皮

發芽是我生命中最重要的一天,它預示著我要以另一種姿態開始生長了。接下來的每一天,生命都會有不一樣的精彩。

°C

溫度計

第 1 天
我躺在土壤裡,喝了很多水,肚子都發脹了。

第 2 天
我感到全身癢癢的,種皮突然一下子被撐破了,露出了白肚皮。

第 3 天
我的肚皮上冒出了細細的小芽和白色的根。

第 4 天
小芽和根似乎長大了一點兒,看起來很有趣。

10

米寶自然課 種子發芽的趣事

　　種子的世界可謂千姿百態，而種子發芽的過程也是異彩紛呈、各不相同喔！非洲的塞席爾群島上有一種復椰子樹，其種子直徑有 50 公分，是世界上最大的種子，播種後，需要 2~3 年才能發芽。相比復椰子樹的種子，蘭花和沙漠裡梭梭樹的種子則算種子界的發芽冠軍了，它們只要得到一點點水就會在 2~3 小時內迅速發芽、生根。還有更神奇的呢，荷花的種子可以沈睡兩千年不發芽，說不定你現在看到的荷花早在唐代時就被種下了呢！

第 5 天
地下總是黑乎乎的，我用力地鑽出地面，想看看外面的世界。

第 6 天
我長高了，根變強壯了，葉子冒出了尖。

第 7 天
我終於長出了第一片完整的葉子。是不是很可愛呢？

11

育苗，等待幼苗長大

　　等秧盤裡長出了嫩綠的幼苗，就要開始育苗了。農民將發芽的秧盤移到有充足陽光的育苗田裡（可不是未來插秧的稻田喲），並蓋上保溫的塑膠棚，灌水入田，等待幼苗長大。這樣做既可以讓水稻吸收更多的養分，獲得更高的產量，又便於農民集中管理。

製作育苗田
　　將發芽的秧盤移到有充足陽光的育苗田裡。

蓋上保溫的塑膠棚
　　將秧盤擺放整齊後，給育苗田蓋一層塑膠膜，形成一個塑膠棚。這種塑膠棚不僅能抵擋風雨，還能保證棚內溫度適宜。

引水
　　通過挖好的溝渠引水入育苗田，保證秧苗能吸收充足的水分。

管理育苗田

育苗田需要管理，要經常測量棚內的溫度是否合適，水分是否充足。

今天我被農民伯伯移到了育苗田裡，還蓋上了保溫的塑膠棚。我好喜歡這座新房子呀，這裡簡直就像一座水晶宮殿！

米寶語文課 揠苗助長

春秋時期，宋國有一個農夫，他總是嫌田裡的禾苗長得太慢。有一天，他終於想到一個辦法。他來到田裡，捲起褲腳，挽起袖子，把禾苗一棵一棵地往上拔。等拔完已經累得筋疲力盡了，可他心裡卻非常高興。回到家，他還誇口說：「今天可把我累壞了，我幫咱家地裡的禾苗長高了好幾寸呢！」他兒子聽了，趕忙跑到田裡去看，發現田裡的禾苗已經全都枯死了。這個故事告訴我們，做任何事都要遵循客觀規律，就像不能違背禾苗的自然生長規律一樣，否則，就會像農夫那樣好心辦壞事。

犁田，讓水稻更好地生長

　　秧苗漸漸長大，農民便要開始犁田了。他們將稻田裡的土壤用犁來來回回地翻鬆、攪碎，使土壤變得鬆軟，再引水入田，並反覆翻攪至細軟平整，這樣才能讓水稻更好地扎根生長。

從現在開始，我和我的小夥伴不能總待在屋子裡了，我們要去外面的世界經歷風雨。為此，農民伯伯幫我們犁田。

外面的世界好玩嗎？

　　過去，人們主要使用水牛來犁田。現在，在一些偏遠地區，依然保留著這種傳統的耕作方式。

用水牛來犁田，又慢又費力，非常辛苦。

　　現在絕大部分地區，機械化作業已經非常普遍了，犁起田來又快又省力。

看起來很酷吧？

米寶歷史課 犁是怎麼演變的？

犁是一種耕地的農具，用來在土地上耕出一條條溝，以達到鬆土的效果。

石犁

原始社會的人類用石頭打製出犁。

約 5000 年前

銅犁

商代已經出現了牛耕，人們使用青銅打造的犁耕地。

約 4000 年前

鐵犁

春秋戰國時期，牛耕開始推廣，鐵犁也取代了青銅犁，大大提高了耕地效率。

約 2500 年前

直轅犁

漢代出現的直轅犁，特別適合在平原地區使用，它能保證田地犁得平直，而且比較容易駕馭，效率也較高。

約 2200 年前

曲轅犁

唐代漢族人民發明了曲轅犁，他們在直轅犁的基礎上，將木質的犁架從又長又直改成了短而優美的曲線，並在架子前面安裝了可以自由轉動的工具，這樣使用起來不但輕巧，還方便省力，土也能翻得更深。曲轅犁可是犁的發展史上最重大的進步呢！

約 1150 年前

機械犁

進入現代，隨著工業技術的發展，出現了機械犁。現代農民大多使用大型機械犁來耕地，又快又省事。

現代

15

終於可以插秧啦

秧苗長高了許多，足以離開大棚到廣闊的田地裡去生長，農民要忙著插秧了。他們給犁好的田裡灌滿水，把秧苗一棵棵移栽到水田裡。插好的秧苗排列成筆直的一列列，在大自然的滋養和農民的悉心照顧下茁壯成長。

現在，我已經是一株健壯的秧苗了。我參加了期待已久的"插秧體操課"。"預備——跳！"我和我的小夥伴一躍而起，在空中做了一個漂亮的 360 度吊環旋轉，準確無誤地立於稻田之中，排列得整整齊齊。看！我們的隊伍多麼壯觀！

機械插秧

今天，使用水稻插秧機插秧已經非常普及了，在平原地區和其他地區大面積的稻田裡，水稻插秧機幫助農民快速高效地插秧，極大地減輕了農民彎著腰一棵一棵插秧的勞動強度。只要將秧苗放到插秧機上，取秧器就會自動取走一撮撮秧苗，然後按一定的距離插入秧田中。

手工插秧

　　在插秧機出現以前，千百年來，農民一直都是手工插秧。他們把秧苗擺放在田邊，左手抓著一把秧苗，右手從中取出一小撮彎腰插入水田中。農民插秧時要一邊插一邊往後退，為了快速插秧，他們要一直保持著彎腰的動作，非常勞累。直到現在，在一些地形不平整的稻田裡仍然需要人工插秧。

米寶語文課

插秧詩
［唐］布袋和尚

手把青秧插滿田，低頭便見水中天。
六根清淨方為道，退步原來是向前。

掃一掃，觀看有趣的影片！

17

生長，揭開生命新篇章

稻田變得綠油油

　　天氣一天比一天暖和，水稻在稻田裡迅速地生長著。稻田變得綠油油的了，一株接一株，一片接一片，一望無際，彷彿置身於一片翠綠的海洋。有孩童在田邊放風箏，有燕子、蜻蜓在田間飛來飛去，真是一幅春色盎然的風景畫。

稻田的生活新鮮又有趣！我和我的小夥伴有了新鄰居——蚯蚓和小蝌蚪，它們常常和我們做遊戲，蚯蚓會幫我們鬆土，小蝌蚪長成青蛙能幫我們捉害蟲。

不只是水稻在生長，稻田裡的雜草也在迅速生長。農民要經常去田裡除雜草，或者用除草劑來除去它們，以免雜草搶了水稻的養分。

為水稻防災和治蟲

　　水稻在生長過程中並非一帆風順，它們有可能遇到旱災、水災、病蟲害等自然災害，輕的會影響水稻健康生長，嚴重的可能會造成水稻大面積減產甚至顆粒無收。現在，農民通過興修水利、改良土壤、噴灑農藥等方式來防災和治蟲。

我和我的小夥伴在稻田裡快樂地生長著，但是有三件事情令我們非常擔心。

第一件事
發生旱災，
沒有水喝。

第二件事
發生水災，
被水淹沒。

第三件事
跟病、蟲作戰，
被它們打敗。

稻米家族需要時刻
小心的三種害蟲

通緝令　通緝令　通緝令

農作物都會受到來自害蟲的騷擾，在稻田裡，有些害蟲喜歡吃水稻的葉子，有些喜歡吸食水稻的水分和營養，比如稻苞蟲、稻飛虱、蝗蟲等，這些害蟲嚴重危害著水稻生長。田裡的青蛙可以吃掉部分害蟲，還需要噴灑特別的農藥來殺死其餘害蟲。

害蟲 1 號：稻苞蟲
快看！這是一隻稻苞蟲，這個大壞蛋能吃光整片稻田的葉子！

害蟲 2 號：稻飛虱
稻飛虱看上去小小的，卻常常刺吸我們身體裡的汁液，阻礙我們生長。

害蟲 3 號：蝗蟲
這個壞傢伙是蝗蟲，它們不光能吃掉我們的葉片，還能咬斷我們的果實——稻穗！

噴灑農藥

米寶自然課 生態水稻

為了保證水稻免受病蟲害侵襲，農民伯伯會使用化肥、農藥等化學產品。而那些完全不使用化學產品種植的水稻，被稱為"生態水稻"。在生態水稻的稻田裡，農民伯伯利用生物鏈來平衡水稻的生長環境，比如在水田裡養鴨子：一來鴨子能吃水田中的雜草和草籽兒，鴨蹼還會把草壓倒，又不會傷害到稻子；二來鴨子也能吃掉不利於水稻生長的害蟲的卵和幼蟲，而且牠們排泄的糞便還是天然的有機肥呢！

曇花一現的神秘稻花

水稻長出小小的稻穗了，接著，成串的稻穗會跟著冒出來。抽穗後過不了幾天，稻穗上的稻花便從上往下陸續開啟又閉合。

稻花由內穎與外穎包裹而成，開花時，內穎與外穎就像蚌殼似的張開，淡黃色的花蕊逐漸露出，包括一枚雌蕊和六枚雄蕊。白色的稻花非常小，開花的時間也很短，只有大約30 分鐘到 1 小時。

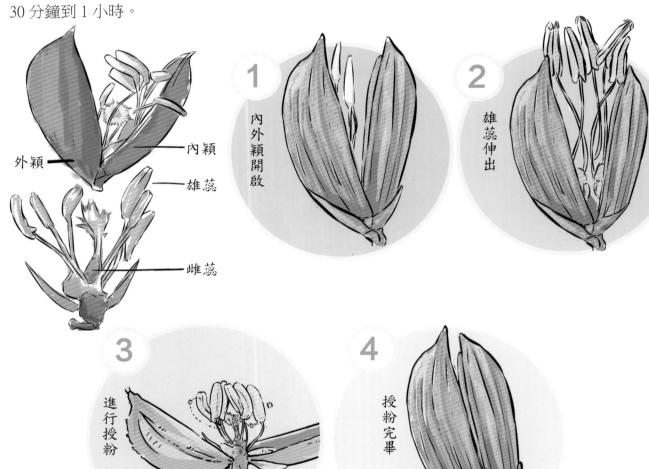

外穎　內穎　雄蕊　雌蕊

1 內外穎開啟　2 雄蕊伸出　3 進行授粉　4 授粉完畢

前幾天，我的頭上抽出了幾枝稻穗，今天又開出了雪白的稻花。當稻花凋謝之後，稻穗就會漸漸成熟，那時我就會變得金燦燦喔！

米寶語文課

西江月·夜行黃沙道中
［宋］辛棄疾
明月別枝驚鵲，清風半夜鳴蟬。稻花香裡說豐年，聽取蛙聲一片。
七八個星天外，兩三點雨山前。舊時茅店社林邊，路轉溪頭忽見。

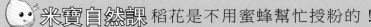
米寶自然課 稻花是不用蜜蜂幫忙授粉的！

你知道嗎？稻花沒有花瓣和花萼，也沒有花蜜，所以吸引不來蜜蜂。但我們稻米家族可以借助風的力量自己授粉。看，這就是雄蕊，當它的花粉被風吹走，隨風飄落到雌蕊上，就實現了授粉。

看，我的每一株稻穗都會開出 200~300 朵稻花，而一朵稻花就會形成一粒稻米喔！

米寶生活課 找一找，誰在說謊？

A
蜜蜂會給稻花授粉

B
蜜蜂不會給稻花授粉

答案：A。

23

稻穗變得沈甸甸的啦

當稻花凋謝之後，稻穗上會逐漸長滿顆粒飽滿的稻穀，沈甸甸的穀粒會將稻稈壓彎，而水稻的莖、葉也漸漸由綠轉黃，這就意味著水稻成熟啦！秋收之前，農民會在田野裡豎起稻草人，防止貪嘴的小鳥來偷吃稻穀。

現在，我的稻穗上長滿了顆粒飽滿的稻穀，我被壓彎了腰。不過，我還是很開心，因為我頭頂上那沈甸甸的稻穗就是對農民伯伯最大的回報！

麻雀總是嘲笑和欺負我，牠說會飛才算酷，說完就叼起稻穗飛走了，我只能站在原地無奈地看著牠越飛越遠。

幸好，農民伯伯在稻田裡豎起了稻草人。你看，稻草人多威武，它總是狠狠地盯著麻雀，時不時隨風擺動著身子和大蒲扇，嚇得那些麻雀再也不敢靠近我了。

掃一掃，觀看有趣的影片。

25

繁忙快樂的秋收時節

　　終於到了收穫的季節，金黃色的水稻在陽光下翻滾，農民在田裡忙碌著。機械化收割出現前，農民只能手工割稻。他們用鐮刀將水稻一束束地割下來，整齊地堆放在田邊。割下來的水稻用稻草捆成一捆捆，然後用扁擔挑到家裡或集中放置的地方。為了搶收水稻，農民常常在晴朗的天氣不分白天黑夜地勞作，就是為了將豐收的果實全部運回家。

稻穗

今天，農民伯伯開始收割了，今年又是大豐收啊！

掃一掃，觀看有趣的影片。

今天，農民使用聯合收割機來收割大片稻田。當農民開著收割機走過稻田時，一排排水稻立刻被割起並捲入收割機，稻稈和穀粒同時被分離。分離下來的穀粒快速地被裝入一旁的車斗內，脫穀後的稻稈也陸續掉落在田間。大部分稻稈會被收集起來作為他用，而小部分稻稈則留在田間腐爛充當肥料。

收割機

收割小塊稻田時，農民可以使用小型水稻收割機，它體積小，重量輕，操作輕便靈活，最適合在丘陵、梯田、三角地等小田塊及爛泥田使用。

製作草鞋

加工成草繩、草簾等

紮個稻草人

用來取暖、做飯

燃燒稻稈產生的熱量作為發電的能源

做飼料

藝術家們用稻稈來創作

29

把水稻 "變成" 米飯

脫粒啦

在以手工割稻為主的時代，農民想要把稻稈上一顆顆挨挨擠擠的穀粒打落下來，只能手工捶打或者使用簡單的脫粒工具來脫粒。脫粒後的稻穀更方便保存和加工。

米進修課 1：脫粒

看，這是脫粒機。我們要排隊進入，出來後就變成一粒粒的稻穀了。

稻穀脫粒

這是脫粒機出現之前，用來脫粒的工具。

脫落的穀粒

米寶歷史課 如何手工脫粒？

在脫粒工具出現前，人們只能手工脫粒，把水稻捆成一小把一小把的，快速地、不斷地在木頭上敲打，使穀粒掉落下來。那時的農民真的是非常辛苦啊！

稻穀需要日光浴

脫好粒的稻穀一定要放在既有陽光又通風的地方晾曬，只有完全曬乾稻穀中的水分，才能更好地保存。

米進修課 2：曬穀

首先，農民伯伯要把晾曬場地清掃乾淨，避免雜草、泥塊、石沙等雜物混入。

接著，把稻穀平鋪在晾曬場上。

在曬穀的過程中需要時時翻動穀堆，農民伯伯會用腳或釘耙把底下的稻穀翻到上面來，這樣才能乾透。天氣晴朗的時候，也要曬上兩天時間。

收穫的季節，農民伯伯白天一起勞作，夜晚就在曬穀場裡乘涼、聊天、休息，偶爾還會看場露天電影。小朋友們在曬場草垛上捉迷藏、做遊戲、聽媽媽講故事，這是很多人抹不去的童年回憶。

米寶民俗課 推板

看，這就是曬穀時用來把稻穀推開、推平的工具。

33

稻穀粒堆滿倉

　　曬好的稻穀，一部分會被運到加工廠直接加工成米，還有一部分會被農民一袋袋裝起來貯藏在穀倉裏。穀倉需要提前消毒，同時還要保持乾燥，定時通風，這樣才能更長久地保存稻穀。

米進修課 3：入倉

在倉庫裡，有三件事我們要時刻警惕：
1. 我們不能受潮，那樣會發黴。
2. 倉庫裡有貪吃的蟲子，要防止牠們把我們咬壞。
3. 倉庫裡有老鼠，牠們可是偷盜高手。

穀倉

防潮
防蟲
防老鼠

34

變成大米啦

要把稻穀變成白花花的米，需要一些特定的加工程序。

首先將稻穀中混有的雜草、石子兒等清除乾淨，然後用機器將稻穀黃色的外殼剝掉，露出茶色的米粒，接著進入最後一道工序，將茶色米粒打磨至晶瑩剔透。這時候，米就變成我們熟悉的樣子了。

米進修課終極考核

今天，我們將迎來米進修課的終極大考，只有闖關成功的小夥伴才能獲得優秀米獎章。好緊張啊！

第 1 關　真假易辨

那些混在米隊伍裡的搗蛋鬼（沙石、泥土、雜草種子等）都會被風吹走喔！

稻穀中混有沙石、泥土、煤渣、鐵釘、稻稈和雜草種子等多種雜質，必須先清除乾淨。過去農民用木質風車吹走雜質，現在更多的是用機器來清理。

第 2 關　金蟬脫殼

經過各種關卡之後，我們終於脫掉了稻穀的黃色外殼，變身為茶色的糙米君了。

將稻穀的外殼剝除，露出茶色的米，農民把這時的米稱為糙米。

米自動化生產線

用碾米機打磨糙米，去掉其表面的一層薄皮後，糙米就變成白色的米了。

第 3 關　皮膚美白

為了讓我們看起來更精緻，口感也更好，碾米機會剝除我們的茶色表皮。看，現在的我們正式成為皮膚白白的米寶寶了！

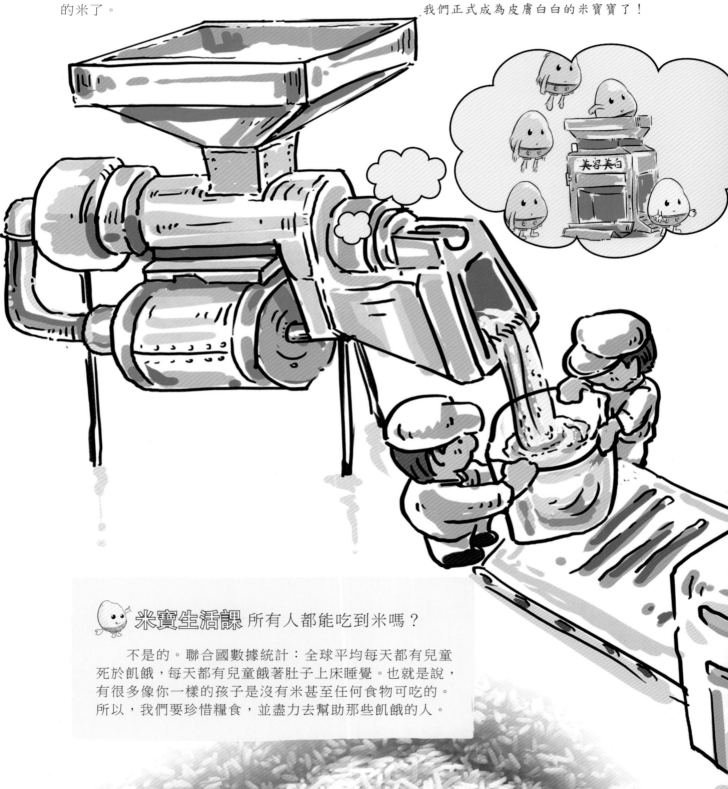

米寶生活課 所有人都能吃到米嗎？

不是的。聯合國數據統計：全球平均每天都有兒童死於飢餓，每天都有兒童餓著肚子上床睡覺。也就是說，有很多像你一樣的孩子是沒有米甚至任何食物可吃的。所以，我們要珍惜糧食，並盡力去幫助那些飢餓的人。

第4關　頒發學位

闖關成功！作為一名優秀學員，我得到了優秀米的獎章。然後，我被裝進米袋，運送到世界各地大大小小的超市、市場裡，等待與你相遇。

我在畢業典禮上的演講

作為一粒米，我很微小，也很平凡。人們總會忘記我的努力，但農民伯伯一直記得。

我的成長離不開他們的辛勞和汗水，那些溫暖和感動我一直銘記於心。

所以，我願分享我的快樂和幸福給每一個人。

我以後想當一名義工，去貧困的地方，幫助那些正在餓肚子的小朋友。嘻嘻！這樣，我的人生是不是更有意義一些？

米

米寶生活課 做一碗香噴噴的米飯

讓我們做個生活的小能手，一起來學煮米飯吧！
溫馨提醒：請在爸爸媽媽的陪同下，嘗試自己做一次米飯。

1 用電飯鍋自帶量杯取一杯米。

2 將米倒入鍋中，用水清洗乾淨。

3 將米放入電飯鍋中搖均勻。

4 用量杯放水，按照電飯鍋的指示，一杯米一格水。

6 指示燈跳至保溫後，香噴噴的米飯就煮好了。

5 插上電源，按下煮飯按鍵。

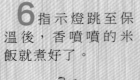

無法抗拒的米美食

　　不同的國家會做出不同風味的米飯：味道濃烈的印度咖喱飯、內容豐富的西班牙海鮮飯、香甜軟糯的東南亞鳳梨飯……都能令人垂涎三尺。

　　除了米飯，還能以米為原料做出各色美食呢！像米粉、米糕、粽子、湯圓、壽司，還有我們喝的米酒、酒糟都是米做成的。

　　米能變化出無限種可能，真是令人驚嘆啊！

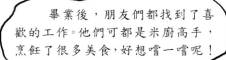

畢業後，朋友們都找到了喜歡的工作。他們可都是米廚高手，烹飪了很多美食，好想嚐一嚐呢！

湯圓

糍粑

米酒

米飯

粽子

米粉

米香

壽司

水稻農具大觀

這些都是農民種植水稻要使用的工具，跟著米寶一起來認一認吧。

斗笠

斗笠
農民在雨天勞作時戴在頭上的雨具。

石臼
過去用來給穀粒脫殼的器具之一。

鍘刀
一種切割稻草的工具。

釘耙
將成塊的土打碎、鬆動土壤時使用。

鎬頭
刨堅硬的土地或石塊多的土地時使用。

鋤頭

在稻田裡主要用於除
雜草，還可以用於挖根莖
類蔬菜。

風車

用來吹走稻穀中摻雜
的稻殼、灰塵、沙粒等雜物。

插秧機

用來插種水稻秧苗。

聯合收割機

可以收割水稻並同時
脫落穀粒。

43

米寶旅行記

我和我的小夥伴曾經到世界各地去旅行，在旅途中遇到和聽說了很多有趣的故事……

奇特的職業

韓國誕生了首位米飯鑒別師，據說可以辨別 12 種米的味道。

法國人結婚要撒米

法國有一種古老的民間習俗，就是在婚禮上向新人撒米。這意味著驅趕惡運和早生貴子，因為白色米是純潔和多產的象徵哦！

米獻愛心

印度興起了一項名為"米桶挑戰"的公益活動，參與者只需要向一個貧窮的人捐贈一桶米並轉發帶有"米桶挑戰"字樣的宣傳圖片，就可以讓更多貧窮的人吃上米飯哦！

玩遊戲捐米

在 FreeRice（免費米）這個網站，你可以在遊戲中學英語、記單詞，還可以答題獲取一定數量的米，從而援助那些正在忍受飢餓的兒童。自 2007 年上線以來，網站已累計捐贈了近一千億粒米。

奧運五色米

日本曾發售一種和奧運五環同色的五色米，米在煮熟後呈現出藍、黃、黑、綠和紅色。

好想去南極

除南極洲以外，幾乎哪裡都有米的身影！稻穀可以生長在水田和旱地，可以生長在南美洲的熱帶雨林，也可以生長在中東的乾燥沙漠，還可以生長在沿海平原和青藏高原的高山上。

南极

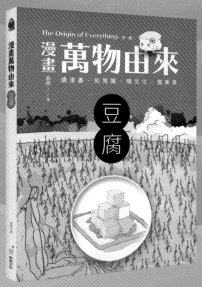

The Origin of Everything

漫畫 萬物由來

讀漫畫・知常識・曉文化・做美食

小樂果 4

漫畫萬物由來：米

作　　　　者 ╱	郭翔	
總　編　輯 ╱	何南輝	
責 任 編 輯 ╱	李文君	
美 術 編 輯 ╱	郭磊	
行 銷 企 劃 ╱	黃文秀	
封 面 設 計 ╱	引子設計	

出　　　　版 ╱	樂果文化事業有限公司	
讀者服務專線 ╱	（02）2795-3656	
劃 撥 帳 號 ╱	50118837 號 樂果文化事業有限公司	
印 刷 廠 ╱	卡樂彩色製版印刷有限公司	
總 經 銷 ╱	紅螞蟻圖書有限公司	
地　　　　址 ╱	台北市內湖區舊宗路二段 121 巷 19 號（紅螞蟻資訊大樓）	
	╱ 電話：（02）2795-3656	
	╱ 傳真：（02）2795-4100	

2019 年 3 月第一版 定價╱ 200 元 ISBN 978-986-96789-3-3